RAY BEAMS BUYER

CHIORI KAJIWARA

unique

私だけのユニ

JN014638

梶原千織

I AM
BEAMS

PR
OF
ILE

→

CHIORI KAJIWARA

→

Height _ 150cm
Place of birth _ Osaka
Occupation _ Ray BEAMS Buyer
Instagram _ @im_chio32

PROLOGUE

まずはじめに、この本を手に取っていただきありがとうございます。

私は普段セレクトショップBEAMSのバイヤーをしています。
日々、世の中の動きやトレンドを追っかけてモノを通じてそのムードを
発信し続けているのですが、それはすごく流動的なもので
時代とともに変化し続けているなと感じています。
でも、当の私自身は、よく周りから〈梶原千織っぽい！〉と言われることが多く
目まぐるしく変わる世の中に、業界に、身を置きながらも
自分の好きを貫く頑固者です…（笑）

とくにファッションに関しては怖いもの知らず。
でもそうして貫き、挑戦し、時に変化することができるのは、自分のことを理解しているから。
自分の中にブレない軸や基盤があると、ファッションで人生は楽しくなります。

気分が上がらなくても飛び切りお洒落をすれば、機嫌がよくなる私を知っている。
コンプレックスだった低身長だって、自分の似合うバランスを知っていれば強みとなる。
そうやって生きていく中で、不可欠な装いを通して、自分を知って、私を作っていく。
それはきっと毎日を心地良く、自信を持って、生きていく活力になります。

誰かのために選ぶファッションも大切ですが、型にとらわれず
自分だけのユーモアを見つければ日々はもっと彩られていく。
ファッションも人生も丸ごと楽しもう！！
そんな思いが伝わることを願って、この本を作りました。

ここからのページは私がファッションを通して見つけた自分だけの世界やルールを紹介します。
皆さんにとってのユーモアを探すヒントになれば嬉しいです。🙂

梶原 千織

unique RAY BEAMS BUYER **CHIORI KAJIWARA**

CONTENTS

unique RAY BEAMS BUYER **CHIORI KAJIWARA**

CHIORI'S
MIND

———

ファッションは、
私のモチベーションそのもの！
新しい発見があったり、自分の気持ちの変化に気づけたり
自分を理解するためのツールでもあります。

CHIORI'S STYLE

CHAP.

STYLING
IDEAS

ファッションの枠にとどまらない、私の感性に響くすべてのものが着想源。
そこから妄想を広げると、新しいスタイル、見たこともない自分に出会えます。
私はひとりしかいないけれど、ファッションを通していろんな自分に変身できる、
そんな妄想コーディネートをお見せします。

Inspired by
MOVIE

『あの頃ペニー・レインと』

目指したのは、全編に'70年代ロックが流れる『あの頃ペニー・レインと』のマドンナ役。
時代を象徴するボヘミアンやヒッピーといった、ヴィンテージファッションも
たまりません。ムートンベストにファーコート、そしてこのコーディネートにぴったりな
フレアデニムを合わせて。キュートでかっこいい魅惑のヒロインになりきれば、
今日1日がキラキラと特別なものに！

01

Coat／Vintage
Vest／Vintage
Blouse／courrèges
Denim／DAIRIKU
Glasses／A.D.S.R.
Shoes／Vintage

Inspired by
MOVIE

『ゴーストワールド』

高校生のイーニドが着想源なので、プリーツスカートにクリアめがねという、
ザ・スクールガールな着こなし。ただし、映画で描かれているのは、
彼女が社会に対して感じる疎外感や反抗心。その世界観を投影し、
ちょっとクセのあるアイテムを合わせてみました。イーニドに思いを馳せるたび、
「私は私でいい」、「私を理解してくれる人がいることの心強さ」、
そんな思いを噛みしめています。

02

Tops／Vintage
Skirt／Vintage
Glasses／BEAMS BOY
Earrings／ANNIKA INEZ
Necklace／TIFFANY & CO.
Socks／Ray BEAMS
Shoes／FABIO RUSCONI

Inspired by
VINTAGE

巡り巡ってきたチアニット

私に妄想コーディネートの楽しみを教えてくれた、大切なアイテム。
実際のチアリーディングチームのニットのようで、右下には"Melissa"と
持ち主の名前が刺繍されています。古着の魅力って、私の知らない時代や
生活を知れることだと思うんです。このニットを着るたび、
「メリッサってどんな子だったのかな？」って、
私の中のメリッサ像を思い描きながらスタイリングを楽しんでいます。

03

Knit／Vintage
Skirt／Vintage
Glasses／Vintage
Earrings／ANNIKA INEZ
Socks／Vivienne Westwood
Shoes／Foundry Mews

Inspired by
ART

アンリ・マティスの《ダンス》

思いもよらない色合わせに出会えるアートも、大切な着想源のひとつ。
鮮やかなブルーとグリーンのブーツを見つけた瞬間、このカラーリングはまさに！と、
マティスの絵画《ダンス》を連想せずにはいられませんでした。
ブーツに足を入れてスタイリングが完成したときは、気分爽快！
アートの世界に入り込んで、あの絵のようにステップを踏みたくなる、
そんな幸せ気分になれるコーディネートです。

Jacket／Vintage
Blouse／Vermeerist BEAMS
Pants／maturely
Necklace／PALA
Shoes／MIISTA

Inspired by

MUSIC

SYSTEM OF A DOWN

"NO MUSIC, NO LIFE"なんて言葉があるように、私にとって音楽は生活の一部。
歴史を振り返っても、音楽とファッションの親和性は高いですよね。
好きなアーティストのメッセージから、
自分との類似点を見つけてファッションに落とし込んでみることもあります。
そんな音楽が持つスピリットを心に宿し、バンドTシャツをまとえば、
いつもとは違う自分に出会うきっかけになるかも！

05

Dress／Chika Kisada × Ray BEAMS
T-shirt／Vintage
Skirt／Vintage
Beret／Vintage
Earrings／ANNIKA INEZ
Choker／FUMIE=TANAKA × Ray BEAMS
Necklace／Vintage
Bangle／Vintage
Arm warmer／Ray BEAMS
Socks／Ray BEAMS
Shoes／Dr.Martens × Ray BEAMS

CHAP.

2

5 TIPS

ここでは、私が見つけたユーモア、自分らしいスタイルのこだわりを紹介します。
たくさん試して自分の体型を知り、似合うバランスがわかるようになれば、洋服選びがずっとラクになります。
そして、ブレないスタイルがつくれるようになると、それが"個性"になるんです。

01

重ねる

私といえばレイヤード！というほど、マストなテクニック。重ねることで見慣れた服が新鮮な驚きをもって蘇ります。
トライアンドエラーを繰り返すうち、頭の中でスタイリングができるまでに！

スポーティ×フェミニン、ブルー×モノトーンという、2つの要素をかけ合わせた上級テクニック。
色数が少ないので、これだけ重ねてもまとまりよく見えます。

Bustier／Ray BEAMS、Blouse／Vintage、T-shirt／Vintage、
Pants／Vintage、Earrings／Ray BEAMS、Bag／Suryo、
Leg warmer／Ray BEAMS、Shoes／NEBULONI E.

アイテムそれぞれの独特なディテールをいかした、遊び心いっぱいのレイヤード。
ウエストポーチやレースアップシューズといった小物も、いいアクセントになっています。

Tank top／TOGA PULLA、Tops／A.ROEGE HOVE、Skirt／yuhan wang、
Earrings／Ray BEAMS、Necklace／Foundry Mews、Waist pouch／patagonia、
Socks／Ray BEAMS、Shoes／Foundry Mews

HOW TO MAKE
LAYERED

まずは手に入れたい「シアーアイテム」

重ねることが大前提のレイヤード。透ける素材の下に色や柄をもってくることで、
おもしろさを存分に楽しめます。スタイルにスパイスと抜け感をくれる万能アイテム！

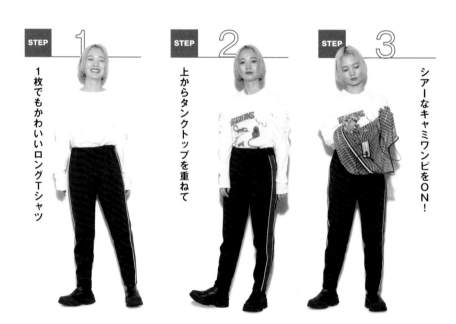

STEP 1 1枚でもかわいいロングTシャツ

STEP 2 上からタンクトップを重ねて

STEP 3 シアーなキャミワンピをON！

インパクトのあるプリントに、シアーなキャミワンピースを重ねました。
ストライプのすき間から透けて見えるプリントで、一味違ったコーディネートの完成です。

Dress／Jamie Wei Huang
Tank top／Vintage
Tops／Ray BEAMS
Pants／Ray BEAMS
Choker／FUMIE=TANAKA × Ray BEAMS
Necklace／psyche
Shoes／REMME

STEP 4
パンツのラインとも色が合ってる

STEP 5
チョーカーで首元にアクセントを

STEP 6
バックスタイルも抜かりなく！

HOW TO MAKE
LAYERED

トップスだけじゃない、ボトムスも重ねる

スカート×ワンピースなど、ボトムス同士のレイヤードも見え方が変わっておすすめ。
フレアスカートにミニ丈のタイトワンピースを重ねれば、新たなシルエットが誕生。

STEP 1 光沢のあるロングスカート

STEP 2 ベロア素材のキャミワンピを重ねて

STEP 3 ニットカーデをON！

ナイロン素材にベロアとニット、異なる素材を重ねることで、レイヤードの技をアピール。
素材で遊ぶときは、1色でまとめるか差し色程度におさえると上品に。

Knit／Vintage
Dress／Vintage
Tops／Unknown
Skirt／Ray BEAMS
Beret／Vintage
Earrings／Ray BEAMS
Shoes／Salomon

STEP 4 刺繍の赤がいいアクセントに

STEP 5 ビッグショルダーでシルエットに変化を

STEP 6 ベレー帽でこなれる！

RECOMMENDED
ITEMS

1枚で着るより断然かわいい♡
重ね着におすすめアイテム

上半身の引き締めに
効果ありな、
レコメンドしたい逸品。

Camisole／
Vintage

Camisole／
TOGA PULLA

Camisole／
moose's

Vest／
TTT MSW

Vest &
Camisole

ショート丈が使いやすい
「ベスト＆キャミソール」

**洋服のポテンシャルを引き出してくれる、レイヤードのスタメンをピックアップ。
使い方はひとつだけではありません。ワードローブに加えて、自分だけのコーディネートを楽しんで。**

淡い色のスタイリングに、ヴィヴィッドなイエローの
キャミソールをレイヤードさせて。上半身がぐっとコンパクトに
まとまるので、スタイルアップも叶います。

Camisole／Ray BEAMS
Tops／RBS
Skirt／Chika Kisada
Earrings／Ray BEAMS
Necklace／BLANC IRIS
Shoes／MOHI

ボリュームシルエットに、鮮やかなブルーというだけで、
十分サマになるワンピース。こちらもキャミソールを
合わせることで目線が上にいき、バランスよく見えます。

Dress／JOIEVE
Earrings／Ray BEAMS
Bag／Ray BEAMS
Charm／HERMÈS
Shoes／REMME

ピンクのオーガンジーにキュン♡
シアーな素材を重ねることで
濃淡の変化を楽しめます。

Blouse／
FACETASM

Dress／
Chika Kisada
× Ray BEAMS

Dress／
Jamie Wei Huang

Blouse／
Vintage

Sheer

アイデア次第の万能選手！

「シアーアイテム」

カジュアルなスウェットからオーガンジーの華やかオーラを
チラ見せ。リラックス×ファッショナブルなスタイルに、
さらに欲張ってメタリック素材でエッジィさをプラス。

Sweat shirt／Unknown
Skirt／Ray BEAMS
Shoes／Mollini

ボリュームワンピの上に重ねた華やかなスタイル。
ピンクに花柄、リボンと、ロマンチックムード全開ながら、
色やアイテムで甘すぎないスタイルを意識しました。

Dress／JOIEVE
Bustier／yuhan wang
Knit／B:MING by BEAMS
Bag／Ray BEAMS
Shoes／REMME

ジャケットをくりぬいたような
デザインにひとめぼれ！
自分らしいスタイルをつくる
キーアイテムに。

Vest／
WMWM

Tie／
FRANCO BASSI

Shirt／
Ray BEAMS

Bag／
Ray BEAMS

Dress／
CAROLINA
GLASER

Design
Vest

Shoes／
FABIO RUSCONI

手を加えなくても着こなしがキマる！
「デザインベスト」

ジャケットライクなベストは、
ネクタイを合わせてマニッシュに。
下にボリュームワンピを仕込むことで、
ハイウエストな切り替え位置になる
計算ずくのコーディネート。

Vest／WMWM
Shirt／Ray BEAMS
Dress／CAROLINA GLASER
Earrings／Ray BEAMS
Tie／FRANCO BASSI
Bag／Ray BEAMS
Shoes／FABIO RUSCONI

Glasses／
A.D.S.R.

普段の着こなしにプラスする
だけで新鮮な表情に。
ウエストマークも叶う
ひそかな万能アイテム。

Apron／
Vintage

Jacket／
Vintage

Sweat shirt／
Vintage

Apron

Pants／
Vintage

Shoes／
Maison
Margiela

1枚では難しいアイテムこそ重ね着向き
「エプロン」

ジャケットにエプロンという、プレイフルな着こなし。
キーカラーをネイビーで揃えているので、
ユニークなアイテムも難なくなじみます。

Jacket／Vintage
Sweat shirt／Vintage
Apron／Vintage
Pants／Vintage
Glasses／BEAMS BOY
Earrings／Ray BEAMS
Necklace／PALA
Shoes／Maison Margiela

MORE
DECORATION!

レイヤードは、手元＆首元も！

大ぶりチェーンを重ねて
「ネックレス」

色や形、サイズの異なるネックレスを大胆にレイヤードするのが私流。
1本でも素敵ですが、2本、3本と重ねるのもおすすめです！

From top：Necklace／BLANC IRIS
Necklace／Foundry Mews

レイヤードは、何も洋服だけではありません。首元や手元の重ねづけも私の定番。
シンプルなTシャツだって、アクセサリーの重ねづけでしゃれたムードが高まります。

ゴールド×シルバーのMIX

「リング」

基本は、スタメンリングと気分に合わせて替えるリングの2種類。
さらに華奢なものと存在感のあるデザインがあれば申し分なし。

From top：Ring／ANVORHANDEN
Ring／TEN.、Ring／TEN.
Ring／TIFFANY & CO.、Ring／GAGAN

O2

相反するもの

"ミスマッチこそベストマッチ"というのが、自分だけのスタイルに欠かせない大切なマインド。
かわいくも、かっこよくもいたい、そんなわがままな自分を受け入れた結果です。

Elegant Jacket × Leather Overalls

上品さとカジュアルの
絶妙コンビネーション。
フォーマルな印象の
ノーカラージャケットに
オーバーオールを合わせて。
フェイクレザーで媚びないスタイルに。

Jacket／JOIEVE
T-shirt／FRUIT OF THE LOOM ×
BEAMS BOY
Overalls／Vintage
Earrings／Ray BEAMS
Necklace (chain)／BLANC IRIS
Necklace (charm)／Foundry Mews
Shoes／Ray BEAMS

Ruffled Skirt × Rock T-shirt

これぞ王道な甘辛MIXスタイルです。
ヴィンテージの中でも大好物な
ロックTシャツに、真逆のテイストの
ラッフルスカートをセレクト。
足元にも遊び心を忘れずに。

T-shirt ／ Yuumi ARIA
Skirt ／ CAROLINA GLASER
Earrings ／ ANNIKA INEZ
Collar ／ Ray BEAMS
Socks ／ Ray BEAMS
Shoes ／ NEBULONI E.

Tulle Dress × Tech Sneakers

ハイテクとロマンチック、
本来なら相いれないものも
ファッションなら
ひとつのスタイルに凝縮できます。
テックスニーカーを
チュールやパールで彩って。

Dress／Chika Kisada × Ray BEAMS
Knit／BeAMS DOT
Skirt／Ray BEAMS
Earrings／ANNIKA INEZ
Necklace／CAROLINA GLASER
Belt／Ray BEAMS
Shoes／Reebok

Romantic Items × Riders Jacket

私のマストアイテム、ライダースを
ガーリーに着こなす提案。
ハードな印象がやわらぎ、
一気にマイルドなスタイルに。
Tシャツやスカートの
ディテールにときめきます。

Jacket／Beautiful People
T-shirt／Mimi Wade
Skirt／adidas × J KOO
Hair accessory／Apurics.
Earrings／Ray BEAMS
Bag／HEY! Mrs ROSE
Shoes／REMME

High Heels × Sportswear

"ミスマッチこそベストマッチ" の真骨頂。
アスレジャーな要素の強いジャージーも、
対極にあるジャケットや
ヒールを組み合わせることで
ファッションに昇華しています。

Jacket ／ Vintage
Tops ／ BEAMS BOY
Pants ／ BEAMS BOY
Glasses ／ Vintage
Socks ／ PRO-Keds
Shoes ／ Ray BEAMS

O3

色合わせ

カラーMIXも私らしいスタイル。とはいえ、闇雲に好きな色を重ねてしまうとただの奇抜なひとに。
センスよく見せるには、どこか必ず黒で締める、色を揃える、この2つが重要です。

BLACK

グリーンを基調にしたスタイル。
ベロアにレースとデザイン要素が
多いので、サイドスリットから黒を
のぞかせて全体を引き締めていま
す。素材は違えども、艶のある
ムードでまとまりを。

Dress／Chika Kisada × Ray BEAMS
Tops／Ray BEAMS
Skirt／Ray BEAMS
Earrings／ANNIKA INEZ
Necklace／ANNIKA INEZ
Bag／YAHKI
Shoes／REMME

品のよさの分かれ目。
どこかに黒を入れて締める

好きな色を存分に楽しむけれど、どこかに黒を入れて引き締めるのがマイルール。
コーディネートに品が出て、モードなおしゃれ感をまとえます。

BLACK COLLECTION

カチューシャ

ボリュームのあるカチューシャは、
顔回りをすっきりと見せてくれる
効果も。

Hair accessory／Unknown

ビジューバッグ

アクセサリー感覚で
取り入れれば、たちまち
コーディネートがクラスアップ！

Bag／Ray BEAMS

ラップベルト

スタイリングにメリハリを
つけたいときの救世主。
この子がいればバランス整う。

Belt／Ray BEAMS

リング

ネガティブなエネルギーを
祓ってくれるブラックオニキスと、
ぷくっとした形がかわいい1本。

Ring／GAGAN（right）
Ring／Vintage（left）

ベレー帽

パンクやアーミーな
テイストをMIXしたいときにも
フィットします。

Beret／Vintage

アームウォーマー

秋冬スタイルに変化をもたらす
キャッチーなアイテム。
腕の細見えにも効果あり。

Arm warmer／Ray BEAMS

ミニバッグ

どんなテイストにもマッチする
シンプルなミニバッグ。
ひとつあると重宝します。

Bag／YAHKI

チョーカー

ショートヘアやアップスタイルと
好相性。胸元の空間を
かっこよく埋めてくれます。

Choker／FUMIE=TANAKA
× Ray BEAMS

私がよく使う黒の小物をピックアップしました。足元は基本的に黒、あとは靴とバッグを黒で揃えることも
いろんな要素を楽しみつつポイントは黒で締める、が鉄則です。

チャンキーヒール

Shoes／Ray BEAMS

ポインテッドトゥシューズ

Shoes／NEBULONI E.

テックスニーカー

Shoes／Reebok

レースアップシューズ

Shoes／Foundry Mews

COLOR LINK

上下で色をリンクさせると
全体のバランスが整う

コーディネートの統一感を出すには、小さなポイントでもいいのでどこかで色を揃えるのがコツ。
こちらも赤、青、オレンジ、黒を、それぞれ上下でリンクさせています。

Tops／B:MING by BEAMS

Vest／TTT MSW

Skirt／BEAMS BOY

Socks／Ray BEAMS

Shoes／FABIO RUSCONI

NEUTRAL COLOR

刺激的なカラーブロックは、
中間色で品よく緩和

ブライトカラーをシックに見せるには、ブラウンやキャメルといった中間色でなじませて。
カラーMIXを楽しみながら、大人の洗練されたスタイリングが完成します。

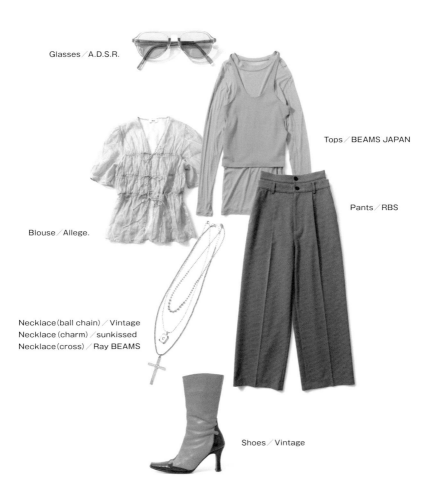

Glasses／A.D.S.R.

Tops／BEAMS JAPAN

Pants／RBS

Blouse／Allege.

Necklace（ball chain）／Vintage
Necklace（charm）／sunkissed
Necklace（cross）／Ray BEAMS

Shoes／Vintage

04

バランス方程式

ファッションはバランスがすべて。
"好き"を"似合う"に昇華させるには、
自分の体型をいかす服の着方を追求することが重要です。
バランス感覚を養えば、どんなスタイルにも挑戦できます。

RULE 1

ワンピースは、切り替え位置のデザインでスタイルアップ！

小柄な私の場合、デザインの切り替え位置が
高いものを選ぶようにしています。
ウエスト位置が上がるので、縦のラインが強調され、
バランスよく見せられるんです。

Dress／Vermeerist BEAMS
Tops／Ray BEAMS
Earrings／Ray BEAMS
Necklace／Vintage
Arm warmer／Ray BEAMS
Socks／Ray BEAMS
Shoes／FABIO RUSCONI

RULE 2

半端丈は選ばない。
トップスは
断然ショート派！

スタイルよく見せたいなら、
半端丈はおすすめしません。
こちらはクロップド丈のトップスを
使ったコーディネート。
腰の位置が高くなるので、
スタイルアップが叶います。

Blouse／JOIEVE
Skirt／Vintage
Earrings／Ray BEAMS
Necklace／Foundry Mews
Bag／MARGE SHERWOOD
Shoes／FABIO RUSCONI

PARTNER BUYER　CHIORI KAJIWARA

ボトムスは
ハイウエストかタックイン。
上半身はコンパクトに

私のクローゼットは、ハイウエストなものばかり！
さらに着こなしもタックインがお約束。
上半身がコンパクトになり、
さらにメリハリも出て言うことなしです。

Knit／Vintage
Tops／Vintage
Pants／Vintage
Earrings／Ray BEAMS
Necklace／bLicensceLL
Shoes／NEBULONI E.

RULE 4

スタイルアップの決め手、
手首＆足首の
黄金ゾーンは出す＆強調する

身体のなかで一番細いパーツである手首＆足首は、
隠さず出すと細見えに。
袖をまくったり、ボトムスの裾はロールアップさせたり。
足首はアンクルストラップで強調するのも◎。

Jacket／JOIEVE
Bustier／B:MING by BEAMS
Blouse／Demi-Luxe BEAMS
Denim／Vintage
Earrings／Ray BEAMS
Socks／Ray BEAMS
Shoes／Ray BEAMS

RULE 5

バランスが取りにくいものは、
ベルトで
ウエストマーク

好きな服だけどバランスが難しい。
そんなときは、自分で切り替え位置をつくるのもあり。
こんなにボリュームのあるアウターだって、
ベルトでウエストマークすればシャープな印象に

Down vest／Marmot × Ray BEAMS
Tops／Ray BEAMS
Overalls／Vintage
Earrings／Ray BEAMS
Belt／B:MING by BEAMS
Arm warmer／Ray BEAMS
Bag／Ray BEAMS
Shoes／ALM.

05

たまには休憩

ファッションもときには休憩が必要。いろいろ考えるのをやめて身軽になってみる。
そうすると、ふと新しい考えが浮かんだりします。それがとっても気持ちいいんです。

HOLIDAY
& DENIM

定番デニムスタイル
＋
小物のOFFコーデ

私が何歳になろうとも、きっと変わらず
クローゼットにあると確信できるのがデニム。
変化期にはくと、原点回帰な気分にさせてくれます。
形、色違いで揃えておくと、
どんなマインドにも寄り添ってくれそう。

ブラックデニム×シャツ＋めがね

大人カジュアルを楽しむならブラックデニム。
ヒップ回りにゆとりをもたせたテーパードシルエットを、
ウエストのお直しでジャストフィットに仕上げました。

Shirt／Vintage
Denim／Vintage
Glasses／BEAMS BOY
Shoes／Vintage

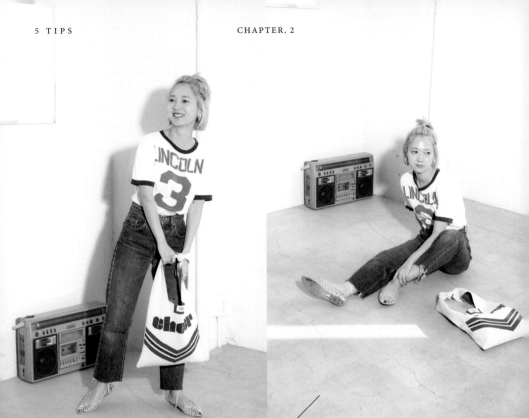

ブルーデニム×リンガーTシャツ＋ロゴバッグ

デニムと聞いて、誰もが思い浮かべるのがこの色。
定番なのでどんなスタイルにもマッチしますが、やはりTシャツとの相性抜群！
シンプルだからこそプリントや小物が映えます。

T-shirt ／ Vintage
Denim ／ Vintage
Earrings ／ ANNIKA INEZ
Bag ／ Ray BEAMS
Shoes ／ Unknown

ライトブルーデニム×**スウェット＋カラーブーツ**

はき込んだようなライトブルーは、ヴィンテージとの相性も◎。
裾は、足首が少し見えるくらいにセルフカットしています。
切りっぱなしのほつれた感じが、ちょうどいい抜け感に。

Sweat shirt／Vintage
Denim／Vintage
Earrings／Ray BEAMS
Necklace／TIFFANY & CO.
Bag／Ray BEAMS
Shoes／MIISTA

CHIORI'S
MIND

———

誰も着ないなら、私がかわいく着てみせる！
だから、お店の端っこで眠っている子たちが好き。
そのほうが意外と好きなものが見つかったりします。

CHAP.

MASTERPIECE

私のスタイルを支える、時代もジャンルも交錯する大切なアイテムたち。
見た瞬間キュンとする、ビビッとくるもの、ひとめぼれも多いです。
いまここでしか出会えないかも、そういう瞬間がたまらなく好きなんです。
そんな名品とも呼べるお気に入りをお見せします。

私のスタイルに欠かせない
時代を交錯する名品アイテムたち

MASTERPIECE STORY

私的名品ストーリー

奇跡の
チェックブラウス
＆スカート

1

大好きな赤のタータンチェックのブラウスとスカート。まるでセットアップのように見えますが、実はこれ、出会った場所も時期も別々。古着なんですけど、スカートを購入した4年後に別のお店でブラウスと遭遇！ 見つけた瞬間は時がとまりましたね。まさに運命的な出会いです。時代も場所も超えて私の元へやってきてくれた。あ、引き寄せたなって思いました。スカートもブラウスも仲間と巡り合えて喜んでいると思います。

Blouse／Vintage、Skirt／Vintage
Hair accessory／Unknown、Earrings／ANNIKA INEZ、Shoes／ALM.

大切にしたいものには理由があります。自分のルーツを知ったり、
運命を感じたり、学びがあったり。いろんな気づきをくれた私の名品ストーリー！

2

♡刺繍の
ニットカーディガン

ファッション好きにはたまらない街、パリのヴィンテージショップで出会ったカーディガン
です。赤のハートをグリーンで縁取った刺繍といい、ハートにくりぬかれたウッドパーツのボ
タンといい、すべてが私のツボにハマリました。このカーディガンからは、つくり手のこだ
わりと遊び心があふれていて、そこに惹かれたのかもしれません。手間をかけることの大切
さと、"これでいい"じゃなくて"これがいい"、そんな美学を教えられた気がします。

Cardigan／Vintage、Skirt／BAUM UND PFERDGARTEN
Beret／Vintage、Earrings／Ray BEAMS、Necklace／TIFFANY & CO.
Tights／Ray BEAMS、Shoes／REMME

GUCCIの
ミュール

3

年齢を重ねたタイミングで、私の元へとやってきたグッチのミュール。手にして改めてこのブランドの持つ世界観や、技術、上質さに気づかされました。やっぱり、時代を超えて愛されるものにはちゃんと理由がある。だから、大人になる特別な日に迎えたくなるんですね。落ち込んで下を向いたときも、この靴が目に入るだけで「かわいい！ 幸せ♡」ってなるし、私に自信を与えてくれる大切な1足。値段以上の価値、プライスレスな魅力を知りました。

Tops／BEAMS BOY、Pants／Vermeerist BEAMS
Necklace／Vintage、Bag／Ray BEAMS
Shoes／GUCCI

4

大好きな祖母の
カーディガン

大好きな祖母のおさがりのカーディガンです。私の洋服好きは、祖母の影響も大きいんです。
小さい頃から一緒にショッピングへ行っては、あれやこれやと意見を言い合うのが好きでし
た。自分で洋服もつくれて、お直しもしていた祖母からは、ファッションの表面だけではなく、
もっと本質的な部分もたくさん学んだ気がします。そんなファッションの先生である祖母の
クローゼットから見つけた1着は、一生大切にしたい私のルーツ的アイテムです。

Cardigan／Vintage、Tank top／Vintage、Tops／Vintage
Pants／Ray BEAMS、Necklace／Ray BEAMS
Shoes／Maison Margiela

BASE MAKE   MAKE UP   HAIR ARRANGE

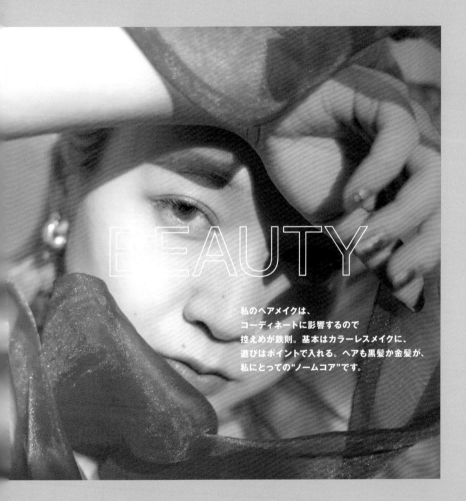

BEAUTY

私のヘアメイクは、
コーディネートに影響するので
控えめが鉄則。基本はカラーレスメイクに、
遊びはポイントで入れる。ヘアも黒髪か金髪が、
私にとっての"ノームコア"です。

DAILY MAKE

DAILY MAKE   **BASE MAKE**

CHANEL

LAURA MERCIER

NUXE   Vaseline.

NARS

BIODERMA

RMK

素肌っぽい、つるんとしたツヤ肌が好み。保湿力の高いビオデルマの美容液でベースをつくったら、絶妙なツヤを出してくれるローラ メルシエのクッションファンデをオン。仕上げはナーズのリキッドで整えて。パウダーは使わない主義。

メイクでコーディネートに抜け感をつくる
全身のバランスを考えた、カラーレスメイクが基本

MAKE UP　　DAILY MAKE

OSAJI

ADDICTION　　uneven

NARS

shu uemura

M·A·C

NARS

OSAJI

uneven

アイシャドウは肌なじみのいいブラウンやベージュ系が多い。カラーで遊ぶときは、コーディネートの色使いとリンクさせることも。マスカラやアイライナーでさり気なくポイントメイクを取り入れるなど、差し色はバランスが重要。

**洋服が派手なので、メイクはナチュラルにしてコーディネートに抜け感をもたせています。
ファッションは足し算ですが、メイクは引き算がバランスいい！**

DAILY HAIR

DAILY HAIR **HAIR ARRANGE**

POINT

全体をコテでクセづけし、前髪はシースルーになるようサイドの毛をピンで留める。ドライな質感がかわいい。

POINT

ゆるくクセをつけたヘアに、ざっくりとカチューシャをオン。毛先は内巻きより外巻きの方が今っぽい。

小柄だから、ボブのバランス感が好き
カラーも服に影響しない、黒か金髪がいい!

ヘアアレンジをしてくれたのは…

jurk・スタイリスト
suzunaさん | いつもお願いしている美容師さん。東京、名古屋と2拠点で活動中。ファッションやライフスタイルに合わせたデザインにファンも多い。 | Instagram：@suzuna_jurk

POINT
手ぐしでブロッキングしたあと、毛束をゴムで結びくるっとまとめてピンで留める。バームをつけるのがコツ。

POINT
手ぐしでざっくり2つに分けたらゴムで結ぶだけ。まとめたあと毛束をつまむように崩すとゆるさが出て◎。

上半身はコンパクトな方がバランスとりやすい。なので、普段は肩より上のボブをオイルでまとめています。
今日は、ファッションに合わせてsuzunaさんにアレンジしてもらいました！

Q & A

1/QUESTION

どうやって、自分だけのスタイルを見つけましたか?

とにかくたくさん試す!
そして、たまには苦手なものも着てみる

振り返ってみると、本当にいろんな服を着てきたなって思うんです。入社したてのときに先輩から、いろんなコーディネートにチャレンジするようすすめられたこともあって、おかげで凄く鍛えられました。とにかく迷ったら試着するのはおすすめですよ。「似合うかも」って思ったものは、試してみる。たくさん試着するなかで、自分に合うサイズ感や服のバランスがわかるようになりました。まずはそれを知ることが重要だと思います。

あとは、好きなものを知るために、あえて苦手なものを着てみるのもあり。私の場合、レイヤード好きなのでシンプルな服装が苦手なんです。それでもたまに着てみるんですが、しっくりこない。やっぱり私は1枚で着るよりレイヤードするのが好きなんだなって、再確認につながることもあります。苦手なものを着ると、改めて自分が好きなスタイルについて考えるきっかけにもなります。ストイックですよね(笑)。

2 / QUESTION

好きなものは、
昔からずっと同じですか？

感覚は変わらないけれど、
年齢とともに表現の仕方が変わってきた

2. ANSWER

入社したての店舗スタッフの頃は、もっと派手でした（笑）。上品さとか気にせず、自分が好きなテイストをやりたい放題に取り入れていた感じです。もっとトレンドっぽい服装でしたね。カラコンもしていたし、まつげもギャンギャンに盛っていました。その時のマインドは、"とにかく目立ちたい！" "誰ともかぶりたくない！" というもの。それがバイヤーになって、自分で商品を企画するようになってから変わりました。仕事を通して目上の方と接する機会も増え、品がある女性って素敵だなって思うようになったんです。職種や仕事上の立場によってマインドも少しずつ変わっていったのかな。好きなものへの感覚は昔と変わらないけれど、好きなテイストをどう表現するか、そういうところが変わったのかもしれません。

3 / QUESTION

骨格診断やパーソナルカラーは
気にしますか?

3. ANSWER

骨格は気にするけれど、
パーソナルカラーは気にしない(笑)

骨格診断って、もともと自分がもっている骨格や体型に合わせて似合うファッションを診断するものですよね。それでいうと骨格は気にします。同じ洋服でも体つきで見え方はぜんぜん変わってくると思うので。私は、身長150cmと低めで、上半身も肩幅がなく華奢なタイプ。だから、首元が開きすぎているトップスはなるべく着ません。だらしなく見えてしまうので。Tシャツなんかも、セットイン(Tシャツなどにある肩から脇にかけての縫い目)のところがちゃんと体型に合っているものを選ぶようにしています。そうやって上半身をコンパクトにまとめると、小柄な人でもバランス良く見せることができるんです。

逆に、パーソナルカラーはまったく気にしません。「自分の好きな色をパーソナルカラーにしちゃえばいいんじゃない?」って思っています。好きな色なのに、誰かに言われたからといって諦めるのはもったいない。似合わないと診断されても、着こなしてみせます!

4/

QUESTION

コーディネートを組むとき、
何から決めますか？

**「今日はこれだ！」と決めたアイテムに
合わせていくことが多いかな**

4. ANSWER

何から決めるとか特にルールはなくて。服でもアクセサリーでもバッグでも、「今日はこれだ！」と思いついたアイテムに合わせて、コーディネートが決まっていく感じです。あとは、色から決めていくことも多いですね。そういう日はだいたい、全身赤とかやりがちです（笑）。

コーディネートを決めるときのルールがあるとしたら、同じコーディネートはなるべくしない。自分のインスタグラムにアップする写真もそうなんですが、同じ背景で撮らないようにしています。毎回同じだとつまらないじゃないですか。いつも変化があっておもしろい、そんな見せ方を追求しているので、ぜひチェックしてみてくださいね！

unique RAY BEAMS BUYER **CHIORI KAJIWARA**

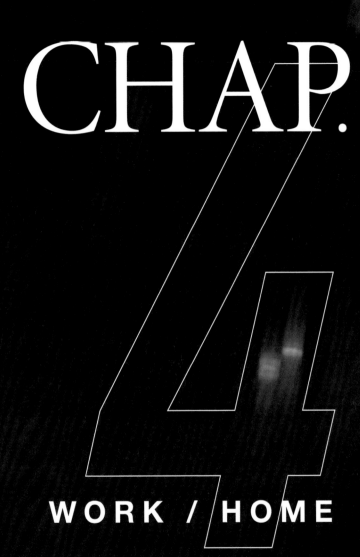

CHAP.

4

WORK / HOME

ここでは、私が携わっているBEAMSでのバイヤーの仕事とおうちについて
紹介したいと思います。遊びと同じくらい仕事に全力投球すること、
自分の"好き"が詰まった空間をつくること、どちらも私らしくいるために必要なパーツなんです。

WORK

仕事の話_1

Ray BEAMSのバイヤーをしています

「もっと物に携わりたいという思いから、販売経験3年で念願のバイヤーへ」

——バイヤーの仕事って？

Ray BEAMSのバイヤーとして、シューズとバッグを担当しています。買い付けとオリジナル商品の企画、この2つが主な仕事ですね。

買い付けでは、国内の展示会を回って商品をピックアップしたり、海外へ行って直輸入の商品を買い付けたり。最近はシューズブランドさんとの別注アイテムの商談も多いです。別注は仕込みに時間がかかるので、早いものだと2年先の秋冬がすでに動いていたりするんですよ。

Ray BEAMSの場合、まずは予算や商品展開などを統括するマーチャンダイザーと、戦略プランを練るところから始まります。半年間のスケジュールをマップにして、商品の投入時期や企画数などを洗い出すんです。企画数が決定したら、そこからオリジナルアイテムをつくってくれるメーカーさん、OEMっていうんですが、そこに依頼します。

オリジナルでは、Ray BEAMSのシーズンコンセプトを反映させた企画を考えることが多いです。トレンドのディテールやカラーを組み合わせてイメージを膨らませ、それを絵型に起こしてサンプルをつくります。あがってきたサンプルは、確認して修正を加えるという工程を納得いくまで繰り返す。そこまでしてやっと、イメージした商品ができ上がるんです。企画は、頭の中のイメージを形にしていく仕事。この商品をどんな人に届けたいのか、どんなコーディネートに合わせてほしいのか、自分の考えを言葉にして伝えることの大切さを実感しています。

——バイヤーを目指したきっかけは？

もともとビームス 梅田で店舗スタッフをしていたんです。東京に異動になってからは、ずっとプレスになりたいと思っていました。それがお店の売り場をつくるヴィジュアル・マーチャンダイザーを担当するようになってから、考えが変わったんです。その仕事がおもしろくて、もっと物に携わりたいと思うようになりました。売り場のレイアウトを考えるヴィジュアル・マーチャンダイザーの仕事では、さまざまな商品に触れる機会があります。そのうち、「このアイテムは、ここを変えたらもっとかわいくなる！」とか、「次はこんなアイテムがあるといいな」など、どんどん自分の興味が"物"に向かっていったんです。それなら、私がなりたいのはプレスよりもバイヤーだという思いが強くなっていきました。

「目の前の仕事に全力で取り組むこと。 それが信頼につながり、バイヤーになれました」

──バイヤーになるためにしたことは?

よく聞かれるんですが、バイヤーになるために何か特別なことをするというより、いまの自分の仕事を頑張って、社内の皆さんの信頼を勝ち取ることの方が大切だと思うんです。転職するわけではないので、お店のなかで自分の役割をしっかり果たしたことが功を奏したのかなって。そして、「これがしたい!」っていうポジティブな異動希望だと、周りも応援してくれるし、先輩たちもサポートしてくれるんですよね。本当に周りの人のおかげでバイヤーになれたなって感謝しています。

──夢が叶った瞬間はどんな感じ?

「次の配属先はバイヤーです」って伝えられたとき、うれしくて泣いてしまったんです。その場にいたエリアマネージャーからも「どっちの涙? いじめているみたいだから喜んで!」って言われて(笑)。あの瞬間のことはいまだに忘れられないです。バイヤーになりたいという気持ちが高まったタイミングでの内示だったのもあり、この仕事に凄く縁を感じました。販売経験3年でバイヤーチームへ異動になったので、希望が叶ったのは早い方だと思います。

──バイヤーに向いている人って?

ただ流行を掴むだけではなく、いろんなジャンルのものを受け入れられる人。バイヤーって、自分の色やスタイルも大切だと思うんですが、自分の好みを押し通すだけではダメなんですよね。私とは感性の違う人や、服がそんなに好きではない人だっています。例えば、BEAMSにポンって置いてあったバッグを「あ、なんかかわいいな」って思ってくれる、そういうお客さまの心も動かす商品をつくれる人でありたい。そう考えると、プライドは持っているけれど、他者を受け入れる柔軟性のある人が向いているのかなって思います。

もうひとつは、誰かの気持ちになって考えられる人。「こういう人だったらどう使うのかな」という視点は、商品をつくるうえで欠かせません。実は私が初めにぶつかった壁でもあるんです。お店にいらっしゃる多様な好みのお客さまに向けて、何を選んでいいのかわからなくなってしまって。おもしろいことに、迷ったり、自信がなかったりするアイテムって、本当に反応がイマイチなんですよ。最後は自分の中で「これは売れる!」という確信を持つことが必要なんです。その判断材料のひとつとして、お客さまがどんなものを求めているのか、その気持ちになりきって考えることは大切だと思います。

事務的なところでいうと、数字に強い人もバイヤーに向いていると思います。例えば展示会に行って、商品をピックアップして、オーダー数

「流行を世に発信するスタート地点。
この仕事に、
責任と楽しさを感じています」

を決めるとき。その判断基準になるのが、データなんです。過去にこのブランドで、何をピックアップしてどう売れたか。だから今回は、これはいる、いらないって決めていくんです。感覚で「いい!」と思ったものに理由を肉付けして、「だから、これだけオーダーしても売れる!」っていう根拠がないと、オーダーはできません。感覚やセンスだけではなく、ロジカルに判断する能力も必要だと思います。

——仕事のために普段から心がけていることは?

ブランドのリサーチも大事ですが、私は街中の

ものを観察しています。例えば、ふと目に入った配色や、かわいいと思った壁の色や車の色など。電車の中だと人の観察もよくしますね。とくに担当でもあるバッグと靴はチェックします。「日常のなかに、どんな商品があったら"キュン"とするだろう」とか、あとは「仕事に行くときって、みんなどんな靴を履いているんだろう?」とか、常に企画のヒントを求めてアンテナを張っている感じです。浮かんだアイデアは写真に撮ったり、メモしたり、頭の中のイメージに近い画像を探したりして、次の企画にいかします。

——この仕事の醍醐味は?

つくりたいと思ったものを形にして、それが売れたとき。私の場合、スタッフの皆さんが「かわいい!」とか「ほしい!」とか言ってくれることがめちゃくちゃうれしいかも。自分の感覚をみんなと共有できるのが幸せなんですよね。そうやって自分がつくったものを、プレスや店舗スタッフが世の中にプレゼンしてくれて、Ray BEAMSの流行を発信していく、そのスタート地点にいるのがバイヤーじゃないですか。ゼロをイチにする仕事に、責任の重さと楽しさを感じています。

Work Story

Product Planning

株式会社キャセリーニ
1987年の創業より、バッグ・シューズ・アクセサリーなどのオリジナルデザインに加え、生産・販売までも手がける。〈Casselini（キャセリーニ）〉をはじめとする複数のブランドを展開するほか、さまざまなクライアントに向けてユニークなデザインの提案・生産も行っている。

オリジナルアイテムは私がイメージしたものをイチから形にしてもらうことが多いです。
例えばシーズンのキーカラーなどをお伝えし、「こういうものがつくりたい」と
キャセリーニさんに相談すると、まさに表現したかったものを提案してくださるんです。
他にはない配色だったり、おもしろい生地の使い方や縫製のテクニックなど、
トレンド感のある商品はキャセリーニさんならでは。
二人三脚で、Ray BEAMSらしいキャッチーなアイテムづくりを目指しています。

仕事の話_2

企画の仕事はこんな感じ

「ひとめぼれ級のキャッチーな
バッグを目指し、アイデアを形に！」

バッグの商談でキャセリーニさんへ

キャセリーニさんのブランドコンセプトは「その日1日を特別に
してくれる小さな幸せ」。それもあって、商談ルームの中は気分
があがるカラフルな商品でいっぱい！ 今日はサンプルチェック
です。あがってきた商品のサイズ確認や、配色を変更したいの
でその相談で伺いました。ピーク時は週1、しかも1回につき3
時間程度かかるので、密度は濃いです！

Buying @PARIS

年に4回、世界各地で開催されるファッションウィークに合わせて、
海外へ買い付けに行きます。私が行くのは、パリとニューヨーク。
世界中のブランドが新たなコレクションやプロダクトを発表する中から、
Ray BEAMSで紹介したい商品を見つけて日本へ持ち帰るのが仕事です。
デザイナーさんの服への思いやヒストリーを聞くと、いつも胸が熱くなるんです。
この思いを私がしっかりみんなに伝えなければ！と使命感にかられます。

仕事の話_3

海外出張はこんな感じ

「海外のトレンドをキャッチして、新しいブランドや商品を発信したい！」

商品の買い付けとリサーチでパリへ

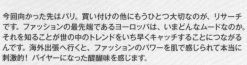

今回向かった先はパリ。買い付けの他にもうひとつ大切なのが、リサーチです。ファッションの最先端であるヨーロッパは、いまどんなムードなのか。それを知ることが世の中のトレンドをいち早くキャッチすることにつながるんです。海外出張へ行くと、ファッションのパワーを肌で感じられて本当に刺激的！ バイヤーになった醍醐味を感じます。

Forever Friends!

李 未玲さん（リ ミリョン・写真左）

ビームス ジャパンの店舗スタッフ。感性が似ていることもあり、会うとお互い好きなことの共有や仕事の話、将来の話をする仲。

Instagram：@miryeong__lee

田中玲菜さん（タナカ レイナ・写真右）

ビームス 六本木ヒルズの店舗スタッフ。飲みの席が好きで、交友関係も広い。人間関係について悩んだときにお互い話したくなる。

Instagram：@tanarei_07

›››　BEAMS同期3人の座談会

「私がここまでこられたのは、パワーをもらえる同期の存在があったから」

―梶原千織

──仲良くなったきっかけは？

梶原（以下K）： 出会ったのは内定者懇談会。私は玲菜ともミリョンともそれぞれ仲良かったんですけど、3人で遊ぶようになったのは、音楽フェスがきっかけ。どうしても行きたくて、急遽寄せ集めた2人です（笑）。

田中（以下T）： もともと私と千織で行く予定だったのに、勝手にミリョンも誘ってて。「そんなに仲良くないけど大丈夫？」って感じでした（笑）。

K： しかも私たち、チケット取れていなくて。

李（以下L）： 当日でも入れるかと思ったら、結局入れなかった。フリーエントランスのブースもあったから楽しめたんですけど。

K： 何とかしてチケットをゲットできないかと一致団結して探す、そういう友情もあったと思います。

L： チケットは手に入らなかったけれど、めでたく3人仲良くなりました。

──3人でいるとどんな感じ？

K： 全員、お姉ちゃんがいる末っ子なんですよ。しかも5歳上の！ それもあって、みんなあまり縛られたくないタイプですね。

T： 自由だね。共通してワガママ（笑）。

K： だから、会うときも事前に決めてないよね。起きたらLINEしよう、みたいな。

L： 常に連絡をとっているわけではなくて、いつも突然はじまるよね。「今日の夜空いてる？」とか。で、「行ける！ 行ける！」って会うことが多い。

K： お泊り会はよくやるよね。話足りなくて。

T： あと、3人が仲良くなった音楽フェスと、クリスマスパーティだけは必ずやる！ 恒例なんです。

「環境が変わっても、会いたいと思える。そんな人たちにたくさん出会えました」

―梶原千織

――お互いに影響を受けたところは?

T:やっぱりファッションですね。それこそ、音楽フェスへ行くとなったら、このメンバーだと気合が入る! ひとりだけ地味ではいられない(笑)。

K:毎年、ファッション誌の撮影隊にスナップを撮ってもらえるんですよ。私たち、顔を覚えられているみたいで(笑)。

全員:でも、ファッションは全員バラバラだよね。

K:玲菜は本当に古着を着ないので。最近、ミリョンは着るかな。

L:ヴィンテージとか詳しくないけど、デザインがかわいかったら着る感じです。なので、千織にフリマに連れていってもらったり。

K:ミリョンは、MIXスタイルが上手だなって思う。今日みたいなカラーコーデもチープに見せない感じが凄い好きなんですよね。玲菜は、結構モードっぽい!

T:メンズライクよね、どちらかというと。

K:ユニセックスで展開しているブランドをうまく着こなしていたり。シンプルなんですけど、とんがっててかっこいい! バランサーだなって思います。

――仕事面では?

L:毎シーズン、バイヤーからの商品説明会があるんですけど。千織の説明を聞いていると、商品に対して凄い愛情があるなって思います。

T:千織が企画するアイテムは、スタッフのツボを押さえてる。だから、みんなバッグやシューズを愛用しまくってます!

L:スタイリング込みで考えられているのかな。持ったときのイメージがしやすいので、ほしくなるんだと思います。

T:こういうの待ってた感が凄い! ほしい物をつくってくれる。トレンド要素もあるのに、幅広い層にマッチするんですよね。

K:うれしい! 私も、ファッションを楽しんでる人に持ってほしいと思ってつくっているので。だから、ふたりが「かわいい!」っていってくれると、パワーをもらえるし、大丈夫だと思える。ふたりとも、社内でも人望があるんですよ。そういう人に言ってもらえると、メンタル的にも、アイデア的にもモチベーションが上がります!

――BEAMSってどんな会社?

T:自分の会社に誇りを持っている人が多い。

L:それは入社式のときに思った! 「服屋で働くならBEAMSがいい」っていう人が集まってる。

K:私は人が好きです。先輩も後輩も同期も、いい人にたくさん出会えた。みんなびっくりするくらい感性がバラバラで、ファッションも遊び方も趣味も違う。だからこそ情報も多いし刺激を受ける人がいっぱいいて、おもしろい会社だなって。

「誰からも好かれる。
人類モテする人間です (笑)」

―田中玲菜さん

「どんなカテゴリーの人にもハマる！」

―李 末玲さん

――梶原千織さんてどんな人？

T：人類モテする人間だと思います。誰に紹介しても絶対好かれるし、どこに連れて行っても楽しんでくれる、そういう人。

K：人類モテ (笑)。パワーワード！

L：それはある！ 千織に受け入れ体制ができているから、どんなカテゴリーの人にもハマる。会ったら元気をもらえますね。

K：ありがとう！

L：何十年先、それぞれのライフスタイルが変わっても、ずっと一緒にいたいね、って卒業コメントみたいで恥ずかしい (笑)。

T：おばあちゃんになっても！

K：将来、恋愛がうまくいかなくて、パートナーがいなくても大丈夫。ずっと一緒にいようって、いまから約束しているんです (笑)。

全員：一生よろしくお願いします！

›››　**自分だけのスタイルが生まれる場所**

HOME

Living Room

美術館へ行くと必ず買ってくる
ポストカード。お気に入りを
額に入れて飾っています。
ソファの目の前の壁にあるので、
いつでも目に入り感性が刺激されます。

（右）TV下の棚は、画集や
アートブックのベストポジション。
特にメキシコの画家、
フリーダ・カーロの鮮やかな
色使いは私好みです。

（左）ここにも
アートを飾って。手前に見える
パールのフラワーベースは、
フリーマーケットでの戦利品。

元気をもらえるので、
ちょくちょく生花を飾っています。
いいリフレッシュになるんですよね。
左の赤いハートの花瓶も、
フリーマーケットで見つけた
お気に入り。

（上）レコードを飾った棚の下には、
ターンテーブルを置いています。
インテリアとしてもいいムードに。

（下）ベッドサイドの壁には、
ビートルズのレコードをディスプレー。
姉からプレゼントされた、
映画『グレムリン』のギズモの
ぬいぐるみも鎮座する眼福コーナー。

Bedside

ベッドサイドのインテリアテーマは、音楽。
ビートルズのポスターが壁のアクセントに。
フロアライトのおかげで、読書タイムもはかどります。

好きなものだけを寄せ集め
自分らしい空間を形づくっています

洋服と同じく、お部屋もヴィンテージ感のあるテイストが好きです。
古着屋さんで手に入れた額縁や、蚤の市で出会った小物入れ、
祖母からもらった花瓶に、海外から連れかえったラグなど、
物は多いけれど、どれもビビッときた心ときめくものばかり。
気に入ったものを寄せ集めた結果、私らしい空間に仕上がりました。
不思議と調和していて、遊びに来た友人からも「居心地がいい！」と好評です。

大皿が好き。ワンプレートにまとめれば、
洗い物も少なくてすむので(笑)。
上の顔が描かれたお皿は、友人が
「なんか怖い!」と言ったものを、私は
「かわいい!」と飛びついて手に入れました。

Kitchen

外国製のかわいい缶に
目がありません。
キャンベルやお土産でいただいた
紅茶の空き缶は、キッチングッズを
入れる収納として飾っています。

キッチン横の食器棚。海外で購入したものや
お土産にいただいたものも多いです。
何となく集まったマグカップの中には、
初めて行ったNYで購入した思い出の品も。

おうちにいるときは、
コーヒーよりも断然紅茶派。
時間があるときは自炊もします。
パクチーをたっぷり入れた、
牛肉のフォーもつくってみました。

壁紙を張り替えて、DIYしたキッチン
おかげで、料理にも目覚めました

キッチンの自慢は、自分で張り替えたちょっと派手なこの壁紙。
実は100均で買ってきたっていうと、みんな驚くんです。
友人が遊びに来ることも多いので、そんなときは料理を振る舞います。
メニューは、イタリアンや韓国料理、エスニックと多国籍です。
ひとりよりもみんなで集まって、美味しくて楽しい時間を共有するのが好き。
そのためなら苦手な料理だって頑張れます！

Check 1

トップスは色ごとに分ける

Closet

何が入っているのかひと目で
わかるよう、「Camisole」や
「Gloves」など、ラベルを
はって管理。目に触れない
収納ボックスや棚は
白で統一してスッキリと。

Check 2

Tシャツやパーカは畳んで収納

Check 3

**細かいものは
100均のボックスを利用**

生地が伸びてしまうTシャツや
スウェット類は、ハンガーではなく
畳んで棚にしまっています。
こちらもざっくりと色ごとに
分類しているので、
どこに何があるのか一目瞭然！

アクセサリー類はディスプレーを
兼ねてリビングへ

フリーマーケットで見つけた、
大理石調のジュエリーボックス。
引き出しの中も小分けされていて
リングからピアスまで
いろいろ収納できるスグレモノ。
ボックスの上は、
時計とめがねの定位置。

2段になった棚を使って、
まるでお店のようにディスプレー。
下は、オリエンタルな布の上に
ネックレスを並べて。上には、
ヘアアクセやリップ、
ボディオイルのボトルなどをかわいく収納。

海外の卵パックを使って
アクセサリーを収納。
卵の入るくぼみにピアスやリングが
ちょうど収まるので
おすすめです。
クラフト紙の質感も
いい感じなんです。

洋服は、2つあるクローゼットが大活躍
色ごとに分けて収納しています

この家を即決した決め手は、一人暮らし用とは思えない、
広いクローゼットです。しかも2つも！ 服好きの私にぴったりですよね。
ハンガーに掛かっているトップスは、色ごとに分類して探しやすく。
ベルトやグローブ、キャミソールなど、小さくまとまるものは、
100均などのボックスを利用してコンパクトに収納しています。
実はこれだけに収まらず、ベッド下のスーツケースにも季節ものをIN！

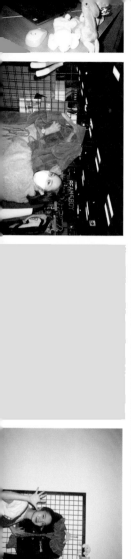

Thank you for all the
good memories.

EPILOGUE

ここまで読んでいただき、改めて感謝の気持ちを伝えさせて下さい。
ありがとうございます。

この本の制作を通して、私の今やこれまでを根掘り葉掘り、自問自答して
気付かされたことがあります。ファッションは着飾ることだけではなくて、
出会いを生む、きっかけを作る、起点でもあるということです。

学生時代はアパレルのバイトに明け暮れ、そして大学卒業後は
BEAMSに入社し、東京という土地に移り、沢山の人と出会い…、
思い返せば、私の全部の起点にファッションがありました。
見えるモノだけじゃないコト、出会いや繋がりは、私の人柄になり、そしてユーモアになる。

皆さんも是非いつもの自分に少し挑戦を加えてみる、そんな一日を作ってみて下さい。
今まで話さなかった人と会話が生まれたり、その出会いが何かのきっかけになったり、
そんな一歩踏み出すことの繰り返しが、自分を知ることに繋がると私は思っています。

そして必ず感謝の気持ちは忘れない。
これまでの気付きも一人では気付くことが出来なかったので。

こだわりが強いのに感覚的な私をここまで形にして下さった書籍チームの皆さん。
梶原千織っぽさを一緒に追求して、背中を押してくれたRay BEAMSチームの皆さん。
いつも私を理解してくれて、応援してくれる、支えてくれる最高の友人たち。
わがままで自由で頑固な私を受け入れ、こんなに楽しい人生を歩ませてくれた家族。
そして、最後にここまでお付き合いいただいた読者の皆様。
本当にありがとうございました。

皆さんにとっての ユーモアが 見つかりますように!!

梶原 千織

梶原千織 CHIORI KAJIWARA
Ray BEAMSバイヤー

1994年大阪府生まれ。2016年「ビームス 梅田」の
販売スタッフとして入社。2017年に上京し、「ビームス
池袋」での店舗勤務を経て、ウィメンズカジュアルレー
ベルである〈Ray BEAMS〉のバイヤーに就任。自社
アイテムのシューズやバッグなどの企画・製作、他社
とのコラボレーションや別注アイテムなどを手がける。
ジャンルにとらわれないMIXスタイルに定評があり、
SNSで日々のスタイリングを発信し注目を集めている。

Instagram : @im_chio32

BEAMS

1976年、東京・原宿に1号店をオープン。ファッショ
ンとライフスタイルにまつわるあらゆる物を世界中
から仕入れ提案するセレクトショップの先駆けとし
て時代をリードしてきました。コラボレーションを
通じて新たな価値を生み出す企画集団としても豊富
な実績を持ち、ファッションの領域を大きく超えて
様々なジャンルでクリエイティブなソリューションを
提供しています。日本とアジア地域に約170店舗を
展開し、世代を超え多くの人に支持されています。

https://www.beams.co.jp/

unique
ユニーク

2023年3月10日　初版第1刷発行

著者：梶原千織（株式会社ビームス）
発行者：波多和久
発行：株式会社Begin
発行・発売：株式会社世界文化社
　　　　　〒102-8190 東京都千代田区九段北4-2-29
　　　　　TEL 03-3262-4136（編集部）
　　　　　TEL 03-3262-5115（販売部）
印刷・製本：大日本印刷株式会社

撮影：彦坂栄治（まきうらオフィス）
　　　　武蔵俊介｜伏見早織（世界文化ホールディングス）
エディトリアルディレクション：村田理江
アートディレクション＆デザイン：田尾知己（imos）
ヘア＆メイクアップ：suzuna（jurk）
校正：遠峰理恵子
プロダクションマネジメント：株式会社ビームスクリエイティブ
営業：丸山哲治
進行：中谷正史
編集担当：宮本珠希（株式会社Begin）

I AM
BEAMS